AF440318

DE L'APPAREIL [illegible]

[illegible]

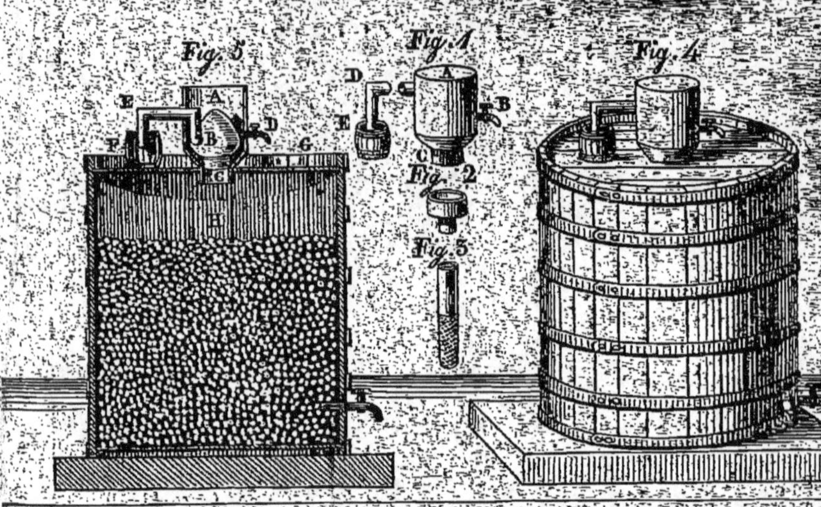

Fig. 1.

A, Grand réfrigérant contenant l'eau qui favorise la condensation.

B, Robinet du réfrigérant.

C, Collet de l'appareil qu'on introduit dans le couvercle de la cuve.

D, tuyau latéral, en deux parties, qu'il faut joindre et luter ensemble quand on place l'appareil.

E, vaisseau ouvert (seau ou petit baril.)

Fig. 2.

Espèce d'étui qu'on introduit dans le collet d'un petit appareil, lorsqu'on veut appliquer ce dernier sur la bonde d'un tonneau ordinaire.

Fig. 3.

Bout de tuyau perforé de trous latéraux dont se sert quand, au lieu de bière, on veut faire de la piquette.

Fig. 4.

Appareil placé sur une cuve en fermentation. (Voyez l'explication, fig. 5.)

Fig. 5.

Appareil et Cuve coupés transversalement pour faire voir leur intérieur.

A, Grand réfrigérant.

B, Chapiteau qui reçoit et condense les vapeurs spiritueuse et balsamiques produites par la fermentation.

C, Collet de l'appareil.

D, Robinet pour renouveler l'eau du réfrigérant.

E, Tuyau latéral qui conduit le gaz acide carbonique qui s'échappe de la cuve dans le liquide.

F, Vaisseau ouvert contenant l'eau où plonge le tuyau latéral, pour empêcher toute communication avec l'air atmosphérique, et faciliter la condensation.

G, Couvercle de la cuve.

H, Distance à observer entre le liquide et le couvercle de la cuve.

DU NOUVEAU SYSTÈME DE VINIFICATION,
DE SES EFFETS ET DE SES RÉSULTATS.

§ 1er. Les innovations les plus salutaires en toutes choses, de même que les plus simples améliorations dans les arts utiles, rencontrent beaucoup plus de résistances dans la routine et les préjugés, que dans la raison.

Que l'on soumette en effet une amélioration sensible dans un art industriel, à deux hommes également instruits, et également capables de l'apprécier, celui des deux qui aura l'habitude d'exercer cet art, avec la méthode même la plus défectueuse, ne se rendra pas aussi promptement à l'évidence de cette amélioration, que celui qui n'aura point à se dépouiller du préjugé inhérent à toute espèce d'habitude.

L'homme qui n'est point asservi par la routine, adopte avec confiance une méthode dont le bon sens lui démontre la supériorité, et marche rapidement vers le succès, tandis que l'autre perd un temps précieux à se débattre dans les entraves de la routine, et à lutter contre sa propre raison.

Voilà pourquoi les savantes théories imprimées depuis trente ans, dans des esprits vierges et sans préjugés, ont porté les arts et les sciences à une perfection à laquelle les praticiens, les plus consommés dans les anciennes méthodes, ne se seraient peut-être jamais élevés.

§ 2. L'Appareil Gervais a éprouvé dans son application au moût de raisin, toutes les résistances de la routine et de la malveillance, et si quelques agronomes éclairés, exempts de préjugés, et passionnés pour la propagation des découvertes utiles, n'eussent pas donné l'exemple, la méthode nouvelle serait encore ensevelie dans l'oubli.

Cependant, à peine l'impulsion fut-elle donnée, que l'emploi de l'Appareil vinificateur a surpassé, pour l'amélioration des vins, l'attente de l'inventeur lui-même. Chaque succès en a déterminé de nouveaux; les convertis ont fait à leur tour des prosélytes, et l'intérêt personnel a triomphé souvent de la prévention; car après avoir décrié les choses nouvelles, sans s'être donné la peine de les étudier, il faut bien consentir à les admettre quand on y trouve son avantage.

§ 3. Il en sera de même de l'application de l'Appareil à la fermentation vineuse que doivent subir les matières destinées à devenir de la bière, du cidre et de l'eau-de-vie.

Tout ce qui concerne l'emploi de cette méthode, quant aux vins, a été traité dans divers écrits et mémoires répandus dans les départemens vignicoles, mais rien n'a encore été publié sur son application à la bière, au cidre, au poiré, aux eaux-de-vie de grain et de fécules. Ce sera l'objet de ce petit ouvrage.

§ 4. Le grand avantage de la méthode nouvelle que nous allons développer, est non-seulement de ne pas apporter le plus léger changement à la manière dont les propriétaires de vignes, les brasseurs, les distillateurs, les fabricans de cidre, préparent ou leurs matières ou leurs fruits avant qu'ils ne subissent la fermentation vineuse, mais de leur faire trouver, dans cette fermentation mieux dirigée, tous les avantages qui déterminent de jour en jour les propriétaires de vignes éclairés, à subtituer la méthode nouvelle à l'ancienne.

Nous ferons connaître successivement la construction de l'Appareil Gervais; les principes de la fermentation vineuse; comment elle est protégée et améliorée par l'appareil; les précautions essentielles à observer pour fermer hermétiquement et luter les cuves de fermentation; les moyens d'aider cette fermentation et d'en modérer les mouvemens; et lorsque nous traiterons de chaque liquide en particulier, nous indiquerons les légères modifications dont les principes généraux pourront être susceptibles, à l'égard de chaque liquide.

Description de l'Appareil Gervais.

§ 5. L'appareil vinificateur est un vase cylindrique de fer-blanc ou de cuivre, au milieu duquel est un chapiteau ou tête de Maure concave intérieurement. (*Voir la planche en tête.*)

De la partie latérale intérieure de ce chapiteau, s'élève verticalement un tube ou tuyau creux, coudé à angle droit dans l'intérieur et à quatre pouces au-dessous du bord du vase, dont il sort et rencontre un autre tuyau semblable, coudé aussi a angle droit pour retomber perpendiculairement dans un vaisseau de bois, tel qu'un seau, un baril, un baquet, ou dans un vase de terre, tel qu'une jarre, un seau de terre, de grès, ou de faïence placés près de l'Appareil et sur le couvercle d'une cuve.

On remplit d'eau froide ce vase cylindrique qui sert ainsi de réfrigérant au chapiteau, et un robinet adapté à ce réfrigérant facilite les moyens de renouveller l'eau qu'il contient, lorsqu'elle s'échauffe soit par la fermentation intérieure, soit par la chaleur du dehors.

La grandeur de ces Appareils doit être proportionnée à la quantité de liquide sur laquelle on veut les employer.

De la fermentation vineuse.

§ 6. Tout le monde sait que sans la fermentation vineuse, le raisin ne produirait qu'un moût qui, en très-peu de temps, deviendrait aigre, et pourrirait; en fermentant, la matière sucrée qui en est le premier principe, se convertit en alcool et en gaz acide carbonique.

On sait aussi que les grains et les pommes de terre destinées à être convertis soit en bière, soit en eaux-de-vie ainsi que les fruits dont on veut faire le cidre, ont besoin de subir une fermentation aussi bien que le moût de raisin.

On appelle cette fermentation *vineuse*, parce que pendant quelle s'opère, les matières soit naturellement sucrées, soit préparées par l'adjonction de l'eau pour le devenir, perdent progressivement leur saveur sucrée pour prendre un caractère et une saveur tout-à-fait vineuse, qui est l'effet de la combinaison de l'alcool et du gaz acide carbonique qui se sont developés en même temps.

§ 7. Lorsque cette fermentation s'établit, il y a simultanément formation et dilatation de calorique, formation et dilatation de gaz acide carbonique. Ce gaz naturellement impétueux, tend toujours à surpasser la liqueur qui fermente, à soulever les corps plus légers que lui; et s'il pouvait être aperçu, on le verrait déplacer l'air contenu dans le moût, occuper le vide de la cuve, et se répandre par-dessus les bords à cause de sa pesanteur, entraînant une portion d'alcool qu'il tient en dissolution et des principes de l'arôme naturel au liquide.

§ 8. Lorsqu'elle a lieu dans des cuves non closes, on s'aperçoit surtout pendant les premiers jours, d'une volatilisation assez considérable de liquide occasionnée par l'éruption du gaz; il suffit d'être entré une seule fois, tandis quelle s'opère, dans les vendangeoirs, dans les brasseries, dans les celliers à cidre, ou dans les distilleries, pour avoir reconnu que l'atmosphère de ces lieux, est chargée de toutes ces vapeurs légères spiritueuses et parfumées.

§ 9. Mais bientôt ce gaz cesse de se dégager avec la même énergie; il n'a plus assez de force pour empêcher l'air atmosphérique d'approcher des cuves découvertes, ou pour le tenir en équilibre. Alors cet air frappe toute la surface du liquide qui l'absorbe avec d'autant plus d'avidité, qu'il est lui-même rempli de calorique, et ainsi plus disposé à saisir l'oxigène; et comme le mouvement intestin de la fermentation fait remonter, par une rotation continuelle, le fond du liquide à la surface, et le fait ensuite redescendre, la masse s'aigrit plus ou moins, et surtout selon la nature et l'état d'effervescence des matières mises en fermentation.

§ 10. Or, il est constant 1° que plus un liquide contient d'acide, moins il produit d'alcool; 2° que la force spiritueuse et le bouquet, font le charme de toutes les boissons; 3° que le gaze acide carbonique attaque tous les germes de destruction qu'elles pourraient contenir.

Il est donc bien sensible que toute fermentation vineuse doit être mise à l'abri des influences atmosphériques.

La chapeau de la vendange n'est-il pas une indication naturelle qui n'attendait que l'intelligence et l'industrie de l'homme pour préserver plus efficacement le vin de ces influences ordinairement si funestes?

La partie de ce chapeau exposée à l'air, n'est-elle pas le plus souvent acidifiée, tandis que la partie qui appuie sur le vin ne l'est pas?

§ 11. Il est facile de prouver que la méthode Gervais remplit entièrement le but de la nature et de l'art.

1° L'Appareil préserve le liquide fermentant du contact de l'air, et neutralise ainsi sa tendance à l'acidité; 2° il empêche la déperdition considérable des particules aqueuses spiritueuses et parfumées que la force de la fermentation entraîne hors de la masse; il les condense et les fait retomber dans la cuve; 3° il comprime le gaz acide carbonique, le retient, le force à se combiner avec le liquide, à détruire le principe végéto-animal qu'il renferme, et à le pénétrer ainsi de sa vertu conservatrice; 4° il ne laisse échapper, par le tuyau de l'appareil, la partie fougueuse et indomptable de ce gaz, qu'après l'avoir lavée et dépouillée de toute molécule spiritueuse ou aromatique.

§ 12. Quoique les vapeurs presque invisibles qui s'échappent des cuves de fermentation, ne paraissent pas s'attacher aux murs, aux planches des bâtimens qui les environnent, aux vêtemens des hommes qui les travaillent, c'est parce qu'extrêmement tenues elles sont absorbées sur-le-champ par l'air ambiant; mais on ne peut nier cependant leur présence puisqu'on les sent, ni la déperdition considérable en quantité qu'elles éprouvent, puisque dans les expériences comparatives qui se sont faites sur le moût de raisin dans toutes les parties de la France, les cuves closes ont présenté, *terme moyen*, un *excédant de* 11 p. % et plus, en quantité de produit, sur les cuves découvertes.

On ne peut nier que le gaz acide carbonique retenu dans un liquide, ne contribue à cet excédant de quantité, puisque sa pesanteur spécifique connue occupe un volume quelconque, et qu'il ne dilate ce liquide par son élasticité bien sensible.

§ 13. A la simple inspection de l'appareil on voit que, si le gaz acide surabondant peut s'échapper par sa fougue naturelle en traversant l'eau dans laquelle aboutit le tube plongeur, cette même eau s'oppose à ce que l'air atmosphérique s'introduise par ce même tube dans la cuve hermétiquement fermée d'ailleurs de toutes parts.

§ 14. Il n'est point inutile de faire sentir comment un appareil aussi simple produit tous les résultats ci-dessus détaillés.

On doit laisser dans les cuves un espace vide entre la liqueur soumise à la fermentation et le couvercle, qui doit supporter l'appareil. Cet espace plus ou moins grand et dont le volume sera indiqué dans l'application du procédé à chaque boisson, est calculé sur l'intumescence de chaque espèce de matières.

§ 15. Nous avons dit précédemment § 11, que la force de la fermentation soulevait les vapeurs les plus légères, et les emportait vers et au-dessus de la surface du liquide.

Dans la méthode nouvelle, l'eau qui entoure le chapiteau de l'appareil (§ 5), entretient dans l'espace vide de la cuve une atmosphère fraîche; les premières vapeurs poussées avec force jusqu'à la voûte de ce chapiteau, s'y condensent, saisies par le froid, et retombent en gouttes dans la cuve; mais lorsque la fermentation se rallentit et qu'elles ne s'élèvent plus jusqu'à la voûte, elles se condensent dans cette atmosphère, parce quelle est fraîche. Le gaz acide carbonique perd à son tour une partie de sa force éruptive, et ne pouvant plus forcer la barrière que lui oppose l'eau du récipient, il réagit sur le liquide et se combine avec lui. Il n'y a donc que le premier gaz, qui par sa force indomptable traverse, sous la forme de bulles d'air, et avec une espèce de bouillonnement l'eau du récipient.

§ 16. Une expérience curieuse faite à Jumigny (département de l'Aisne), a prouvé que la condensation des parties spiritueuses sous l'appareil n'était point une chimère, puisque reçue dans un vase placé dans l'intérieur de la cuve sous une portion de la circonférence du dôme de l'appareil, elle a donné une liqueur marquant 24 degrés à l'aréomètre et droite en gout.

Couverture et lutage des cuves en général.

§ 17. Il y a deux choses essentielles à observer dans la méthode nouvelle, et dont on ne peut s'écarter sans s'exposer à perdre tout ou partie de ses avantages ; c'est la couverture parfaitement hermétique des cuves de fermentation, et leur lutage, ainsi que celui de l'appareil.

§ 18. Le couvercle doit être fait en planches bien sèches de chêne ou de tout autre bois dur, assemblées à rainures et languettes, exemptes de nœuds, fentes ou gerçures. Si le diamètre de ces couvercles est assez grand pour faire craindre qu'ils ne se tourmentent par l'effet de l'humidité, il faut assujettir les planches qui les composent par des traverses chevillées en bois par dessous.

§ 19. Pour soutenir le couvercle on fixe en dedans de la cuve à 3, 4 et 6 pouces au-dessous du bord supérieur suivant le diamètre des cuves, un cerceau en bois ou plusieurs tasseaux parfaitement de niveau les uns à l'égard des autres. Si dans les grandes cuves de brasseur par exemple, on veut empêcher qu'il ne se déprime par son propre poids, on devra placer intérieurement, et sous le cerceau ou les tasseaux dont on vient de parler, deux traverses qui aillent horizontalement d'un côté à l'autre de la cuve pour alléger le poids du couvercle ; ou ce qui vaudrait mieux encore, employer deux montans de bois debout.

§ 20. Ces mesures prises, on pratique, au milieu du couvercle, une ouverture circulaire assez grande pour que le collet inférieur de l'appareil puisse s'y adapter hermétiquement.

§ 21. Les couvercles des grandes cuves seraient bien plus faciles à poser et à enlever, s'ils étaient armés de quatre tire-fonds à vis ou de quatre anneaux de fer.

§ 22. Ils se fatigueraient beaucoup moins encore et dureraient bien plus long-temps s'ils étaient soulevés en même temps au moyen de cordes passées dans ces tire-fonds, attachées au-dessus de l'appareil à un cable aboutissant par une poulie à un treuil.

§ 23. Lorsque les matières que l'on veut soumettre à la fermentation vineuse ont été préparées, au gré du fabricant, suivant l'usage du pays ou selon la méthode particulière de chacun, on les introduit dans les cuves jusqu'à la hauteur convenable pour laisser le vide nécessaire, et ensuite on place le couvercle et l'appareil. Il faut saisir la température convenable à chaque espèce.

Diverses espèces de lut.

§ 24. Tous les luts qui peuvent opposer une forte résistance à la puissante élasticité du gaz acide carbonique sont bons, mais pour cela il faut qu'ils soient visqueux, tenaces et prompts à se durcir; les corps sablonneux tels que les cendres, le grès pilé, le sable, etc., mouillés ne valent rien.

On peut faire d'excellens luts avec *la poix et la résine* fondues ensemble, avec parties de *chaux vive et de sang de bœuf* ou *de chaux vive et de fromage mou,* avec du *plâtre fin non éventé ;* enfin avec de la *terre glaise* bien battue et corroyée, mais entretenue fraîche et souvent maniée.

Ces divers luts doivent être appliqués avec soin tout à l'entour de la cuve et du couvercle, tout autour de l'appareil et sur les nœuds, gerçures ou fentes qui pourraient se trouver dans le couvercle. Il serait bien aussi d'en couvrir toute la surface.

Si les couvercles des cuves grandes ou petites ont été faites avec tous les soins recommandés § 18 et 19, s'ils sont jablés surtout, après qu'ils auront été luttés tout à l'entour des cuves soit avec du plâtre fin, soit avec de la terre glaise ou tout autre lut, on pourra en couvrir toute la surface avec de l'eau fraîche que l'on pourra retirer et renouveler à volonté soit par un robinet, soit par une broche en bois, par une conduite pratiquée au-dessus du couvercle.

Cette couche d'eau, pourvu qu'elle ne puisse pas s'infiltrer dans la cuve, est préférable aux autres luts parce qu'elle aide elle-même à la condensation.

§ 25. Aussitôt que le couvercle et l'appareil sont placés, on doit immédiatement employer l'espèce de lut que l'on a adopté, et remplir d'eau l'appareil et le récipient où aboutit le tube plongeur.

§ 26. Bientôt après commence la fermentation vineuse.

Si en prêtant l'oreille auprès de la cuve on entend un sifflement, ou si en entrant dans le local où elle est placée, on est saisi par l'odeur du liquide qui fermente, ou bien si l'on voit frémir la surface de l'eau répandue sur le couvercle, on peut être assuré qu'il y a dissipation du gaz, et il faut tâcher d'en découvrir l'issue pour la boucher avec du lut. On y parviendra facilement en promenant une chandelle allumée sur la cuve; car le gaz éteindra ou affaiblira sensiblement sa lumière.

Conduite des cuves.

§ 27. Un manipulateur soigneux doit s'appliquer à bien gouverner sa cuve et rien n'est plus facile.

Il doit pour cela donner toute son attention aux premiers effets de la fermentation, car ses effets étant plus ou moins tumultueux, suivant la nature ou la préparation des matières, on ne peut tracer à ce sujet aucune règle uniforme et invariable.

S'il s'aperçoit que la fermentation soit trop fougueuse (ce qui n'arrive que pendant les deux premiers jours de la mise en cuve), et que malgré un dégagement considérable de gaz par le tube plongeur, un bourdonnement intérieur, un craquement de la cuve et l'échappement successif et avec effort de très-grosses bulles dans le récipient, fassent craindre une éruption, il devra diminuer la quantité d'eau du récipient, de manière cependant que l'extrémité du tube plongeur soit récouverte au moins d'un pouce d'eau pour empêcher l'introduction de l'air extérieur. On conçoit que le gaz n'éprouvant plus qu'une faible résistance pour traverser une couche d'eau légère, se précipitera par l'issue dont on aura diminué les obstacles, plutôt que d'employer toute sa puissance pour soulever le couvercle et faire explosion.

Lorsque la fermentation sera sensiblement rallentie, on remettra de l'eau dans le récipient afin de comprimer davantage le reste du gaz et le forcer à se combiner avec le moût. Alors l'opération s'achèvera d'elle-même par une marche douce et régulière.

En gouvernant ainsi la cuve, on prévient tous les accidens d'éruption, ainsi que l'invasion dans la cuve, de l'air atmosphérique.

Un petit robinet placé sur le flanc et vers le milieu de la hauteur des cuves pour tous les liquides, permettra de connaître à volonté et sans aucune espèce d'inconvénient l'état du liquide en fermentation et s'il doit être décuvé. C'est toujours une grande faute que de décuver avant que la fermentation soit achevée, mais au moins l'appareil doit rester jusqu'à ce que le décuvage soit terminé.

Délutage des cuves.

§ 28. Lorsque l'on veut découvrir la cuve, il faut, si l'on a employé *la poix et la résine*, passer, au même moment, plusieurs fers chauds en forme de fers à sonder, sur toute la circonférence, pour amollir ce mastic, tandis qu'on soulève le couvercle.

Si l'on a employé *du plâtre* ou *de la chaux avec du sang de bœuf ou du fromage mou*, on devra se servir d'un ciseau et d'un marteau pour les détacher.

Quant à la *terre-glaise*, on sait qu'elle est peu adhérente, aussi est-ce le lut dont on ne doit faire usage qu'à défaut d'autres.

§ 29. Les appareils demandent une grande propreté même dans leur partie extérieure, parce que l'eau qui entoure le chapiteau dépose toujours un sédiment, qui, s'il n'était pas de temps à autre enlevé avec une brosse ou un balai, ne tarderait pas à faire naître un oxide qui attaque le fer-blanc, le ronge et le perce.

§ 30. Il est superflu de recommander que les cuves dont on se servira soient bien rebattues et avinées. Elles devront être garnies d'une grosse canelle en cuivre placée à quelque distance au-dessus du fond de la cuve pour faire les soutirages. Elles ne devront pas être fraîchement vides d'eau-de-vie, parce que l'eau-de-vie nuit à la fermentation.

§ 31. Si la cuve est exactement fermée, il ne faut pas s'inquiéter de ce que le gaz acide carbonique ne se dégage pas toujours avec une grande impétuosité dans le récipient du tube plongeur. Nous avons dit § 27 que ses effets sont plus ou moins tumultueux suivant la nature et la préparation des matières, et nous devons ajouter qu'elle se fait d'une manière plus paisible, plus douce et plus régulière dans les cuves closes que dans celles découvertes.

La limpidité d'une liqueur soumise à la fermentation est parfaite quand la fermentation est terminée, elle ne peut l'être quand la fermentation est ou imparfaite encore ou interrompue.

§ 32. Plus les quantités de boissons sur lesquelles on applique l'appareil sont considérables, plus elles y obtiennent de résultats sensibles et importans.

§ 33. Le gaz acide carbonique ayant la propriété particulière de détruire le principe végéto-animal, toutes les matières traitées à l'appareil donnent beaucoup moins de lies que le procédé ordinaire.

§ 34. Nous ne nous attacherons pas ici à énumérer les succès qu'a obtenus l'appareil sur tous les points de la France, quant aux vins, nous nous bornerons à citer les résultats d'augmentation en quantité seulement, qu'il a donnés dans divers départemens d'une position géographique très-différente :

15 p. %	dans le Var,
10 à 12	dans l'Aude,
12	dans le Gard,
14	dans la Haute-Garonne,
10	dans l'Hérault,
10	dans le Bordelais,
11	dans Seine-et-Marne,
13	dans Seine-et-Oise,
12	dans la Marne,
10	dans l'Indre,
12 et 15	dans la Dordogne,
10	dans le Loiret,
10	dans Loir-et-Cher,
14 et 15	dans la Moselle,
12	dans les Vosges.
11	dans les Ardennes.

Tout ce qui précède étant appplicable en principe aux vins rouges et blancs, à la bière, au cidre et aux eaux-de-vie de grains et de fécules ou de pommes de terre, il ne nous reste plus qu'à indiquer quelques modifications légères relatives à ces diverses boissons.

Application de l'Appareil aux vins blancs.

§ 35. Immédiatement après la cueillette on doit mettre le raisin sur le pressoir et lui donner le plus promptement possible trois ou quatre serres, ensuite porter le moût dans une cuve avinée avec un peu d'eau-de-vie ou d'esprit de vin pour arrêter momentanément la fermentation qui se manifeste à ses parois.

§ 36. Lorsque le moût a reposé pendant quatre à cinq heu-res, on le met dans une ou plusieurs cuves sur lesquelles on place l'appareil avec tous les soins indiqués § 18 à 27.

Le moût dépose en se décantant une quantité considérable de parties terreuses et hétérogènes qui, dans la méthode ordinaire, remontent à la surface du vin par l'effet de la fermentation.

§ 37. Quelques heures après que le couvercle et l'appareil sont scellés la fermentation s'établit et il se fait un dégagement assez considérable de gaz pendant quelques jours.

Le vin se calme ensuite, s'éclaircit de lui-même et s'enrichit de tous les principes spiritueux, parfumés et gazeux qui cons-tituent sa qualité et contribuent à sa conservation.

§ 38. Au moyen de la décantation qui précède la fermen-tation, le vin n'a plus besoin des fréquens soutirages que né-cessite la méthode ordinaire. La cause en est que la fermenta-tion sous l'appareil étant plus lente, plus régulière et moins tumultueuse, le gaz acide qui y est retenu en plus grande abon-dance attaque et détruit sans relâche toutes les molécules mu-cilagineuses qui contiennent le principe alcoolique et dont les enveloppes délicates nagent dans le liquide par la légèreté même de ce principe et ne sont abattues, dans la méthode or-dinaire, que par des colages réitérés et des soutirages qui épuisent le vin et le disposent à s'acidifier surtout quand on le soutire à l'air libre.

§ 39. Ce qui précède explique pourquoi les vins faits à l'appareil, decantés ou non, contiennent moins de lie que les vins à cuve découverte et rendent par conséquent une plus grande quantité de vin.

Cette quantité peut être évaluée de 8 à 10 p. %.

§ 40. Une preuve que le procédé convient parfaitement aux vins de Champagne, est qu'un vin de 1822 laissé cinq mois sous l'appareil s'est trouvé en avril 1823 valoir *un quart* de plus que les vins faits à la méthode ordinaire; qu'il avait rendu 8 p. % de plus en quantité, et qu'après un léger collage il a été immédiatement tiré en mousseux.

§ 41. L'avantage de ce procédé pour les vins blancs sur-tout, c'est de les préserver de la maladie de *la graisse* qui est ordinairement l'effet du vin *trop* ou *trop peu fermenté*, et de ce qu'on ne laisse pas assez cuver les vins, pour que le gaz carbonique en neutralise le mucilage.

Il a encore celui de rendre beaucoup plutôt potables les vins rouges et blancs.

§ 42. Pour éviter aux vins blancs qui ont fermenté sous l'appareil le danger de contracter un goût de bois ou de fût quand on les met en tonneaux neufs, il faut aviner ces tonneaux de la manière suivante :

On met dans chacun 25 à 3o litres de lie ou de bas-vin ; on brasse deux à trois fois par jour pendant une semaine. On rince le tonneau, on y met ensuite 2 à 3 bouteilles de bonne eau-de-vie qui servent pour plusieurs pièces; on peut après cela entonner le vin sans crainte.

Application de l'appareil à la bière.

§ 43. « La bière est composée d'eau, de levure, de matières
» mucilagineuses douces, sucrées et de fleurs de houblon, dans
» des proportions déterminées, selon les substances employées,
» leurs qualités et les usages des pays, ainsi que selon le béné-
» fice que désire faire le fabricant.
» Chaque pays, chaque fabricant, diffère dans l'emploi et la
» quantité du grain nécessaire à sa fabrication.

§. 44. La préparation des matières destinées à devenir de la bière ne sera ici l'objet d'aucune discussion ; nous ne nous occuperons que de la cuve où ces matières devront subir leur fermentation vineuse.

§. 46. Il y aurait autant d'ignorance que de présomption à vouloir donner une instruction banale applicable indistinctement non-seulement à toutes les espèces de bière, mais à la fabrication d'une seule espèce de bière, parce que cette même espèce peut être faite avec des eaux différentes, des grains et des substances préparés diversement, en plus ou moins grande quantité, à une température plus ou moins élevée; toutes choses qui exigent une plus ou moins longue fermentation et parce que chaque brasseur a sa méthode particulière à laquelle il est invariablement attaché.

Il nous suffit donc de montrer les avantages qui résultent de l'emploi de l'appareil, de développer les raisons chimiques et physiques qui constatent son utilité et d'abandonner la pratique à l'intelligence et à l'intérêt des fabricans.

§. 47. Dans le système que l'on propose aujourd'hni, c'est-à-dire par l'application de l'appareil Gervais, le moût préparé de quelque manière que ce soit, et cuit selon la destination qu'on lui réserve, soit comme bière ordinaire, bière double, bière forte ou autres n'est soumis à l'appareil qu'au moment où il passe du réfrigérant du brasseur dans la cuve guilloire ou de fermentation. Il n'y a par conséquent rien de changé dans la préparation des moûts.

C'est en ce moment que commencent les fonctions salutaires de l'appareil.

§. 48. La levure étant placée dans la cuve dans les proportions relatives à la quantité du moût que l'on veut convertir en bière, et à la température convenable, la cuve, si elle n'est pas couverte d'avance, doit l'être immédiatement et l'appareil doit être posé et luté comme il a été dit (§ 24), ayant soin de laisser un vide de 18 à 22 pouces par cuve de 40 hect. et de 22 à 24 pour celles de 60 à 80.

§. 49. Si les cuves sont de grande dimension, on devra préférer d'y mettre un fonds jablé à demeure et solidement établi comme dans les foudres, après avoir au préalable pratiqué l'ouverture qui doit recevoir l'appareil.

Il est à propos d'établir aussi sur ce fond une ouverture ronde ou carrée, par laquelle un homme puisse s'introduire dans la cuve pour disposer et mêler les levures et pour les retirer après l'opération; il est inutile de recommander d'assurer la cloture exacte de cette nouvelle ouverture, par du buffle, du drap etc., et par des verroux de fer qui appuyent fortement sur cette portière.

§. 50. Les appareils en fer-blanc suffisent pour les vins, et même pour les cidres, parce qu'on ne les emploie que momentanément. On les conservera plusieurs années, si on a soin de les bien sécher et de de les préserver de l'humidité.

Mais lorsque ces appareils doivent servir tous les jours comme dans les brasseries et les distilleries, il y a de l'économie à employer un métal plus durable. Si la dépense première est plus forte, elle se renouvelle bien moins souvent et les débris même de l'appareil ont encore une partie de leur valeur première.

Nous conseillons donc aux brasseurs et distillateurs, de préférer les appareils dont le contour est en cuivre rouge et le chapiteau en étain; ils se fixent sur la cuve avec des vis et peuvent dispenser de toute espèce de lutage.

§ 51. « Le houblon est le bouquet de la bière, comme la
» violette ou la framboise est celui de beaucoup de vins. Pour
» le lui communiquer, il conviendrait d'imiter la nature; elle
» ne fait naître ou ne développe le parfum des fruits que vers

» l'instant de leur maturité ; en conséquence, au moment de la
» fermentation vineuse qui est celui où commence la maturité
» du moût , on pourrait introduire dans la cuve, un *extrait* de
» houblon.

» Cet extrait se fait en mettant infuser dans un vase très-
» propre, fermant hermétiquement et d'une capacité analogue,
» le houblon que l'on veut travailler ; on jette sur chaque livre
» de fleurs de houblon , une demie once de sel de cuisine, puis
» on le recouvre de plusieurs pouces d'eau presque bouillante,
» et on ferme le vase. Après on décante l'extrait liquide (dont
» la couleur est d'un rouge brun très-foncée et d'un arôme
» agréable), dans un autre vase destiné à cet usage, ou à défaut,
» dans une barique à bière , à vin ou à cidre , qui soit propre et
» sans odeur étrangère , pour être ajouté au mout de bière au
» moment même qu'on la met en fermentation.

» Ce bouquet si agréable du houblon de bonne qualité, ne
» s'évapore pas ici comme pendant sa longue coction avec la
» bière, quoique volatil, il ne s'échappe pas avec le gaz acide
» carbonique ; il demeure au contraire combiné avec celui-ci
» et s'associe au parfum que le moût lui-même a acquis des dif-
» férentes trempes de la drêche ou malt, avec lequel il forme
» un arôme d'autant plus agréable, que la drêche est elle-même
» parfumée. »

§ 52. Abandonné à lui-même sous la protection de l'appareil , le moût de bière confondu avec l'extrait de houblon introduit dans la cuve , éprouve une fermentation plus douce et plus
régulière, que quand il est irrité par l'air extérieur ; l'appareil
en condensant les vapeurs aqueuses, spiritueuses et balsamiques , enrichit la bière de tous ces esprits et de tous ces parfums.
Le gaz comprimé attaque toutes les parties mucilagineuses,
s'empare de tout l'alcool qu'elles contiennent , détruit leurs
frêles enveloppes, prévient la putridité et augmente le volume
du liquide en le dilatant par son élasticité.

§ 53. La levure poussée par la force de la fermentation jusqu'à la surface du liquide , retombe au fond de la cuve après
avoir rempli sa destination, entraînant avec elle tous les cor-
puscules étrangers qu'elle rencontre , et sans avoir pu contracter d'acescence, puisqu'elle n'a point éprouvé le contact de l'air
extérieur.

§ 54. La bière parvient alors d'elle-même à un tel état de
division et de repos que le colage le plus léger la rend extraor-

dinairement limpide. Saturée largement de tout le gaz acide carbonique qu'elle a pu retenir, pénétrée de tous les esprits et de tout l'arôme qui lui est propre, elle est susceptible d'être gardée, transportée et embarquée; elle peut aussi rester, sans danger sous l'appareil, jusqu'à la dernière goutte, et n'en sortir que pour être livrée au commerce ou à la consommation.

§ 55. Quant aux levures, exposées à l'air libre, elles reprennent en peu de momens tout leur oxigène et servent de ferment pour de nouvelles opérations.

§ 56. On peut également soumettre à l'appareil, le moût dont on veut faire de la bière mousseuse dans le genre de celle de Paris, mais il faut ne l'y laisser que le temps strictement nécessaire, suivant le dégré de température, la densité du moût, la quantité de matières à fermenter; à 19 degrés de température, la bière façon de Paris peut rester 3 heures sous l'appareil; à 20 2 heures ½ pourraient suffire.

On doit faire observer que la bière qui n'achève pas sa fermentation sous l'appareil, n'en sort pas aussi limpide qu'elle le deviendra quand elle l'aura terminée dans les tonneaux.

La fermentation étant ainsi arrêtée dans le moment où la bière aura déjà acquis la plus grande partie des avantages de la méthode nouvelle, et continuée dans de plus petites futailles comme dans le procédé ordinaire, la bière devient susceptible de bien mousser et de se conserver beaucoup plus long-temps.

§ 57. Un exemple vient à l'appui de cette dernière assertion.

Une bouteille de bière qui était restée 4 jours ½ sous l'appareil et une bouteille de bière faite du même moût que la précédente, mais par le procédé ancien, furent l'une et l'autre soumises en décembre 1821, à une ébullition de 80 degrés, ouvertes le 30 juin 1822, celle faite à l'appareil, avait conservé toute sa douceur, elle moussait très-bien et aucune bouteille n'avait cassé; celle faite à la méthode ordinaire, était devenue impotable par son acidité, elle s'échappait toute entière en mousse, et la bouteille restait presque seule d'un assez grand tas mis en réserve pour faire des comparaisons de l'une et l'autre méthode.

M. Chappellet, rue du Harlay n° 7, à Paris, l'un des premiers brasseurs de Paris, ne fait plus aujourd'hui que de la bière à l'appareil Gervais.

§ 58. L'emploi de l'appareil appliqué aux bières fortes, aux bières de garde etc., exige que le moût séjourne de 10 à 12 jours dans les cuves de fermentation, mais par combien d'avantages ce retard n'est-il pas compensé, puisqu'il permet aux brasseurs de se préparer d'avance pour les besoins de chaque saison, sans craindre de voir cette liqueur s'aigrir ou même s'altérer par les variations de la température. -

§ 59. D'ailleurs, 2 ou 3 cuves de fermentation supplémentaires, sont moins couteuses que cette multitude de tonneaux qu'il faut mettre sur chantier, remplir, surveiller, remplir d'heure en heure et cette foule de baquets destinés à recevoir les mousses et les levures qui s'échappent de tous les tonneaux à la fois.

§ 60. Les grandes cuves offrent moins de prise à la chaleur, d'abord par leur masse même ; ensuite par la fraicheur qu'entretient dans leur surface intérieure, l'eau froide qui entoure le chapiteau.

Elles sont moins accessibles au froid, par leur épaisseur et par la fermentation intestine et continuelle de la bière, qui y entretient une température élevée.

Elles bravent l'effet si puissant de l'électricité, dans les tems orageux, sur la bière, parce qu'elles sont cerclées en fer et parce que la bière n'a nul contact avec l'atmosphère.

La méthode nouvelle prévient donc les pertes énormes que les vicissitudes des saisons font souvent éprouver aux brasseurs.

§ 61. Si parmi ces derniers, ceux qui ont des débouchés considérables combinent bien leurs travaux, ils auront toujours de la bière aussi récente que par la méthode actuelle.

§ 62. Il y a deux classes de brasseurs, ceux qui brassent continuellement et ceux qui ne le font que par intermittence.

§ 63. Les premiers trouveront dans la méthode nouvelle assez d'avantages pour se déterminer à proportionner le nombre de leurs cuves de fermentation aux besoins de leurs ventes. L'augmentation en quantité et en qualité de la bière, une diminution considérable de main d'œuvre, d'entretien d'ustensiles, de pertes et de risques, les couvriront bientôt de l'avance passagère de quelques fonds.

§. 64. Quant aux brasseurs, qui ne travaillent que de distance à autre, il leur suffira, s'ils ne fabriquent que des bières fortes, d'employer l'appareil sur leur cuve de fermentation, et de l'y maintenir jusqu'à ce qu'ils ayent vendu les 3/4 de leur brassin. Le procédé nouveau ne leur occasionne que la seule dépense d'un couvercle et de l'appareil.

§ 65. On ne peut donner pour la bière, comme on le fait pour le vin, une démonstration aussi mathématique de la quantité que l'appareil fournit *en plus* que le procédé ancien ; parce que le peu de durée de la fermentation ne permet pas de faire d'expérience comparative.

Le court espace de temps pendant lequel la bière peut rester, sans danger, dans la cuve guilloire découverte ; ne donne pas lieu à une évaporation aussi considérable que le vin qui reste quelquefois vingt jours et plus à découvert ; mais il est hors de doute que dans l'état de première effervescence où se trouve la bière dans la cuve découverte , cette déperdition ne soit au moins de................. 5 p. %

§ 66. Si l'on calcule l'économie qui résulte de la nouvelle méthode, en frais d'établissement, en main d'œuvre ; en entretien, en réparations d'ustensiles ;

Si l'on suppute la déperdition occasionnée par les remplissages continuels ; les brassins entiers perdus par les intempéries des saisons et mille autres causes accidentelles ;

Si l'on apprécie l'avantage de faire la bière au moment opportun pour l'achat des céréales , et celui de pouvoir la garder pendant un temps indéfini , non-seulement sans altération, mais avec amélioration, de la faire voyager et même de l'embarquer ;

Ce n'est point exagérer que d'évaluer ces avantages à.................................. 10 p. %

§ 67. Si donc ; en sus de tous les bénéfices actuels ; on a en quantité une augmentation de 5 p. %, et une économie de main d'œuvre etc. ; de 10 p. %

C'est un nouveau bénéfice réel de.............. 15 p. % dont tout brasseur appréciera même la modération.

§ 68. Les marchands de bière en détail, les particuliers eux-mêmes, certains de pouvoir s'approvisionner désormais, sans danger d'avaries, de bière faite à l'appareil, feront une plus grande consommation de cette boisson salutaire.

§ 69. Quoiqu'il soit hors de notre objet de donner des conseils sur ce qui touche les préparations que les brasseurs veulent soumettre à la fermentation, nous leur représenterons cependant dans leur intérêt, que 10 hectolitres d'orge en nature brassés à la manière ordinaire, produisent en bière mucilagineuse et d'une saveur fade............ 10 hectol.
que 10 hect., même orge après être germée, écrasée toute fraiche, et brassée de suite comme dessus, fournissent en bière très-peu douce, visqueuse, nébuleuse et d'une clarification difficile, 15 à 18 h.
et que 10 hect. même grain après être germé et desseché (surtout par les procédés de M. Dubief) produisent en bonne bière bourgeoise bien vineuse et transparente........................ 20 à 22 h.

Cette note servira au moins à prouver qu'il est préférable de traiter la bière par germination, ne fut-ce que sous le rapport du produit.

Ces résultats seront d'autant plus assurés que la fermentation aura été bien établie et gouvernée, comme nous l'avons expliqué.

La cause de ce phénomène est facile à comprendre ; la germination que l'on fait subir au grain atténue et détruit la viscosité du mucilage qu'il contient, sa saveur qui était fade devient sensiblement plus agréable, et se rapproche d'autant plus des corps muqueux sucrés que la germination et la dessication en auront été faites. De là vient la grande facilité d'extraire ensuite ses véritables principes sucrés par des lotions réitérées du grain concassé dans l'eau à une température d'au moins 70 dégrés du thermomètre de Réaumur.

(Voir l'excellent traité sur l'*Art de faire la Bière*, par L. F. D. ; chez Carillan Gœury, quai des Augustins, n° 41, à Paris.—1821.)

Application de l'Appareil au Cidre.

§ 70. Tout ce qui a été dit aux §§ 17 à 27 relativement à la manière de fermer les cuves, de placer l'appareil, de luter le couvercle, est applicable aux cuves ou foudres dans lesquels on veut fait subir au cidre la fermentation vineuse sous l'appareil.

§ 71. On doit laisser, dans les différens vaisseaux où elle doit s'opérer, environ 1/6 de vide.

§ 72. Le cidre sera beaucoup meilleur si avant de soumettre le suc des fruits à l'appareil, on le laisse reposer 2 à 3 heures après qu'il aura été exprimé, et si on le décante en le versant dans la cuve, opération qui le dépouillera de tous les corps terreux et hétérogènes.

§ 73. Ce suc mis à l'abri des influences atmosphériques bout, d'une manière à la vérité plus lente, mais plus paisible et plus régulière que quand il se fait à cuve découverte. Le gaz acide carbonique refoulé et comprimé détruit, comme on l'a déjà dit, par la vertu qui lui est propre, le principe végéto-animal bien plus abondant dans le suc des fruits que dans tous les autres moûts ; il préserve ainsi le liquide de la putrescence et lui donne un principe conservateur. Il attaque les molécules légères qui nagent dans la liqueur pendant la fermentation, il les divise, il développe toutes les parties spiritueuses qu'elles renferment, et l'on ne trouve plus au fond des cuves ces lies épaisses et bourbeuses que l'on voit en abondance dans les cuves ordinaires, mais des lies extrêmement légères et qui n'occupent qu'un très-petit espace ; et comme elles n'ont point été viciées par le contact de l'air extérieur, elles ne contiennent aucun principe d'acescence.

§ 74. La qualité des fruits qui peuvent être convertis en cidre est extrêmement variée. Le goût des consommateurs de ces boissons ne l'est pas moins ; les uns préfèrent un cidre doux, d'autres un cidre fort : comme le cidre est d'autant plus fort et plus vineux qu'il a fermenté plus long-temps, on peut en plaçant sur le flanc et vers le milieu de la cuve une petite cannelle ou un robinet, juger à volonté et sans inconvénient pour la liqueur, si le cidre a acquis le degré de douceur et de force qu'on lui désire, et si l'on doit le soutirer.

§ 75. Si on le transvase dans des vaisseaux soufrés ou mutés de toute autre matière, comme il ne pourra plus fermenter, il s'y conservera dans l'état de douceur ou de vinosité qu'on aura préféré.

§ 76. On a remarqué que le cidre qui n'avait pas été décanté fermentait encore au bout de deux mois sous l'appareil.

§ 77. Les expériences faites avec la plus grande exactitude sur les premiers cidres de la Normandie ont donné pour résultat *une augmentation en quantité,* que l'on peut évauer à 5 p. % de cidre parfaitement pur.

Cette augmentation provient d'abord, de ce que l'évaporation est beaucoup moindre dans le système nouveau que dans l'ancien, à cause de la fermeture hermétique des cuves, et en second lieu de ce que le cidre fait à l'appareil donne infiniment moins de lie que l'autre.

§ 78. Ils avaient non-seulement perdu le goût de terroir si désagréable dans certaines contrées, mais par leur couleur, leur limpidité, leur parfum agréable, leur bouquet suave et délicat, ils ont été trouvés infiniment supérieurs à celui obtenu par la méthode ordinaire. Lors du soutirage ils étaient aussi parés, aussi faits qu'un cidre de deux ans. Il a été reconnu que leur valeur était d'un tiers au-dessus de celle du cidre de comparaison, fait avec le même pommage.

§ 79. Ainsi sans rien changer dans le choix du pommage, ni dans la manière ordinaire de procéder à la confection du cidre et à son entonnement, on est parvenu à faire une heureuse application de l'appareil à cette boisson Il n'est besoin que d'user des précautions qui vont être indiquées, sauf quelques légères modifications que l'expérience enseigne dans chaque localité, pour assurer à la nouvelle méthode un succès complet.

Dispositions préparatoires.

Il faut d'abord ,

1° Livrer au pressoir les pommes, sans attendre qu'elles soient pourries ;

2° Tenir dans la plus grande propreté le tablier de l'émoi (ou émée), les cuves de Beslon (ou Berrot), de décharge et de retraite , ainsi que les jattes (ou gattes) dans lesquelles se fait la pilaison des pommes ;

3° Éviter tout séjour ou stagnation de fumier , ou d'autres matières corrompues, sur l'aire du pressoir ;

4° Exiger des ouvriers qui travaillent sur l'émoi, qu'ils soient pourvus de sabots neufs qui ne sortent pas de dessus le tablier de l'émoi pendant tout le pressurage, et soient à l'avenir reservés à cet usage ;

5° Avant d'entonner, il conviendra de tenir le fond de derrière de la tonne assez haut pour qu'on ne soit pas réduit à l'élever à la fin du soutirage ;

Entonnement.

6° Faire l'entonnement du jus ou cidre doux, à mesure

qu'il sort du pressoir (1) , soit qu'on le transvase dans la cuve de décharge , lorsque , comme dans différens endroits , on lui laisse commencer sa fermentation dans cette cuve , soit , comme il se pratique ailleurs , qu'on le transvase dans la tonne ou foudre , où il fait à demeure toute sa fermentation.

7° Employer un tamis fin sous le beslon , pour y recevoir le cidre doux à mesure de sa sortie de l'émoi.

8° Se servir d'un second tamis plus fin que le premier , lorsque l'on entonne le produit de la cuve de beslon , soit dans celle de décharge , soit dans tout autre vase.

9° Il suffit qu'une tonne soit au quart ou au tiers de sa contenance pour que l'appareil produise son effet ; mais il faut éviter qu'elle soit trop pleine , et il est indispensable d'y conserver entre cidre et bonde les distances relatives , par exemple :

Si le cidre a éprouvé une partie de sa première fermentation dans la cuve de décharge , il faut, lorsqu'on le transvase dans la tonne où il doit achever sa fermentation , laisser trois à quatre pouces entre bonde et liqueur.

Si l'on entonne à mesure que le jus sort du beslon , ce vide devra être de six à sept pouces ; et dans le cas où les signes d'une trop grande fermentation se manifesteraient , on devrait soutirer de suite assez de cidre pour rétablir les choses dans leur état primitif.

10° Il faut , autant que possible , entonner à demeure , et sans désemparer , tout le cidre doux que l'on veut confier à une tonne : c'est le moyen infaillible d'obtenir un succès complet ; mais si l'on ne peut en agir ainsi , on obtiendra toujours un très-grand avantage en plaçant (quel que soit l'usage du pays) l'appareil dès l'instant que l'entonnement est achevé.

11° Il est très-utile de boucher avec une bonde la tonne , immédiatement après qu'on y a versé le cidre doux , soit qu'on n'ait pu y procéder que peu à peu et par intervalle de temps , soit qu'on l'ait remplie sans désemparer.

Pose de l'appareil.

12° Rincer fortement l'appareil à l'eau bouillante avant de s'en servir.

---

(1) En le laissant toutefois reposer quelques heures s'il ne fermente pas, et en le décantant.

13° Faire entrer le collet de l'appareil (ou plutôt l'extrémité de l'espèce d'entonnoir qui y est adapté) dans le trou de la bonde ; le luter avec du plâtre en cet endroit, comme aussi au point de jonction de la partie supérieure de l'entonnoir.

14° Poser l'appareil de manière à ce qu'il soit très-droit, bien que la tonne ait été inclinée sur le devant.

15° Le sceller à sa base avec des cales de bois et des petites pierres, puis luter depuis le collet qui entre dans la bonde jusqu'à la naissance des parois verticaux du réfrigérant, avec du plâtre, de la chaux, ou bien, à défaut de l'un ou de l'autre, avec de la terre glaise ou de l'argile mêlée avec du foin haché ; le tout recouvert, s'il est possible, d'une couche de plâtre d'un pouce au moins d'épaisseur.

16° A l'égard du *tube latéral* ou *tube plongeur*, il faut, après avoir réuni les deux parties qui le composent, garnir leur point de jonction avec du papier enduit de colle de farine ; faire faire deux tours à ce papier sur le tube, et le presser avec la main lorsqu'il est encore humide, et avoir le soin, pendant le temps qu'on lute l'appareil, de fermer avec un bouchon l'extrémité de ce tube, afin d'empêcher toute évaporation, jusqu'au moment où l'on placera dessous un vase rempli d'eau.

17° Quand tout sera bien luté, il faut placer sur la tonne *un vase de terre ou de bois* qu'un remplira d'eau, de manière que le tube puisse y plonger de trois à quatre pouces ; et aussitôt on ôtera le bouchon dont il vient d'être parlé. La moindre quantité d'eau à mettre dans ce vase, s'il agit sur 10 hectolitres, doit être de 25 litres. Il doit être très-solidement assis sur la tonne, de manière qu'il ne soit pas exposé à être dérangé ou renversé par suite des mouvemens qu'on ferait autour des autres tonnes du cellier. Cette eau ne doit pas être renouvelée.

18° Immédiatement après cette dernière opération, on remplira d'eau pure et fraîche le *réfrigérant de l'appareil* à deux pouces de son bord.

Précautions pendant le cours de l'opération.

19° Garantir soigneusement de la gelée l'eau du vase dans lequel plonge le *tube latéral*.

20. Renouveler l'eau du *réfrigérant* aussitôt qu'elle a perdu de sa fraîcheur.

21° Essuyer, en même temps, le dessus du chapiteau où se forme une espèce de limon.

22° La fermentation étant plus ou moins longue à raison de l'état des fruits et du plus ou moins de chaleur de la saison, il faut, suivant le cas, entretenir de 9 à 15 degrés de chaleur dans le cellier où l'on opère ; on pourra alors compter sur une fermentation aussi complète que rapide.

23° Si, malgré les soins qu'on aurait pris en plaçant l'appareil, il se formait quelque gerçure, on s'en apercevrait en promenant une chandelle allumée autour et auprès du lut ; la lumière s'affaiblit, s'éteint même lorsqu'elle passe sur une gerçure, il faudrait sur-le-champ y remédier. § 26.

24° Il convient de laisser l'appareil sur les tonnes de 10 hectolitres et au-dessus, savoir

Pour les cidres de 1re fleur....25 jours.

de 2e fleur....5 à 6 semaines.

de 3° fleur....2 mois et plus si cela convient.

25° Les propriétaires qui ne seront pas pressés feront très-bien de laisser l'appareil indéfiniment sur leurs tonnes ; ils en retireront une liqueur bien plus délicate et parée, et le fond du tonneau ne présentera que très-peu de lie.

26° L'appareil agit avec le plus grand succès sur le gros cidres, sur le mitoyen, sur le petit cidre et sur le remuage. Plus les tonnes ont de capacité, plus la fermentation y est facile, rapide et complète.

Soutirage.

27° Au soutirage ne point enlever l'appareil, mais fermer seulement le tube avec un bouchon lorsqu'il plonge encore dans le vase ou le baril plein d'eau.

28° Éviter au soutirage de se servir du dépotoire de bois ; employer le robinet de cuivre ou verto, parce que, à l'aide de ce dernier, on peut modifier la rapidité de la sortie de la liqueur, et éviter, lorsqu'elle baisse et que le chapeau vient à se rompre, le passage inutile de flocons de lie, qui courent souvent même au milieu du cidre le plus pur.

29° Placer le robinet au centre et à deux pouces de la base du tonneau, quand même il aurait un guichet, et avoir surtout l'attention de ne point le frapper en l'enfonçant, ni le mettre de côté ; cette dernière position, très-mauvaise, est cause que le bon cidre se brouille plutôt de lie, et que l'on perd un produit utile.

30° Enlever l'appareil aussitôt le soutirage terminé, le laver, écurer et essuyer fortement, puis le serrer en un lieu sec. Tout retard dans cette opération expose inutilement la machine à se détériorer, tandis qu'avec cette précaution l'appareil reprend, après l'épreuve, son état primitif, hors les soudures qui restent un peu grises.

Nota. Cette instruction est le résultat d'observations faites avec le plus grand soin en Normandie, en 1822 et 1823.

Application de l'Appareil aux eaux-de-vie de grains, de fécules, etc.

§ 80. On n'entrera point ici dans l'examen des céréales, pommes de terre et autres végétaux dont on veut extraire de l'eau-de-vie, ni de l'espèce de ferment, ni de la qualité d'eau que l'on veut employer. Il ne s'agit que de la manière dont on doit soumettre à l'appareil ces mêmes substances, lorsqu'elles sont devenues propres par la préparation que chacun est maître de leur donner, à subir la fermentation vineuse.

§ 81. On ne répétera point ici ce qui a été dit précédemment sur la manière de couvrir les cuves, de placer l'appareil, de les luter.

§ 82. Le point essentiel pour les distillateurs est de priver la matière fermentante de tout contact avec l'air extérieur et de retenir tout le gaz acide carbonique par le moyen de l'appareil. (Voyez §§ 17 à 27.)

§ 83. Par les procédés actuellement en usage, on n'obtient des fermentations que des produits spiritueux très-inégaux. Cela vient d'une infinité de circonstances que la plupart des manipulateurs n'a point observée ou dont on n'a point profité dans les préparations qui disposent et mettent en fermentation les grains ou les pommes de terre. Cela tient aussi au contact de l'air et aux variations de l'atmosphère pendant la fermentation. Il faut donc bien connaître les principes de la fermentation vineuse. (Nous renvoyons aux §§ 6 et suivans.)

§ 84. Alors on conviendra que l'appareil Gervais préserve entièrement le liquide en fermentation du contact de l'air; or, quelque soit la nature du grain, il y a toujours pendant sa fermentation, formation d'une bien plus grande quantité d'acide acétique, que pendant la fermentation du moût de raisin, puisque les principes qui constituent le premier sont plus avides d'oxigène et par cela même ont une tendance plus forte à passer à l'acide.

§ 85. Si l'appareil ne répare pas entièrement les négligences apportées dans les opérations qui précédent la mise en fermentation, cependant, en protégeant les élémens du moût contre les atteintes de l'oxigène, il favorisera le phénomène de sa production spiritueuse. Il y aura, comme dans la vinification du moût de raisin et du suc des fruits, une décomposition plus complète de ses principes élémentaires ; ce qui procurera une quantité d'eau-de-vie plus grande de 6 à 8 p. % et une amélioration extrêmement sensible dans sa qualité.

§ 86. M. Mathieu de Dombasle dans son Instruction théorique et pratique sur la fabrication des eaux-de-vie de grains et de pommes de terre, dit page 26 :

« Que la fermentation acide ne pouvant avoir lieu sans le
» courant de l'air extérieur, des distillateurs très-instruits ont
» pris le parti de faire fermenter leur moût dans des vases clos,
» c'est-à-dire dans des tonneaux auxquels ils ne laissent qu'une
» petite ouverture dans le haut pour que le gaz qui se dégage
» abondamment dans la fermentation puisse s'échapper, que ce
» moyen est excellent et qu'il le conseillerait, s'il n'entraînait
» pas autant d'embarras pour charger, décharger et nettoyer
» les tonneaux, et si l'on pouvait facilement y juger des pro-
» grès de la fermentation, comme dans les cuviers ouverts.

Le procédé que nous proposons est encore bien supérieur et lève toutes ces petites difficultés.

§ 87. Chaque distillateur pouvant suivre les moyens qu'il a adoptés pour préparer ses matières et les amener au point le plus favorable, selon lui, pour être mises en fermentation, peut employer à son gré son cuvier de macération ou de fermentation. Il lui suffit de poser l'appareil sur les cuviers quelqu'ils soient où la fermentation devra avoir lieu, en prenant les précautions indiquées §§ 17 à 27.

Dans les cuviers ordinaires il laissera un vide de 10 pouces et dans les grands un idem de 15 à 18 entre le moût et le couvercle.

En 2 jours ½ ou 3 jours au plus, la fermentation sera terminée. Cependant le moût peut rester plusieurs jours de plus sous l'appareil sans inconvénient si le distillateur n'est pas prêt à distiller.

§ 88. Chacun sait que la température la plus propre à la fermentation des moûts varie entre 16 et 20 dégrés suivant la saison, la grandeur des cuves, la nature du grain, celle de l'eau, etc.; mais à l'aide d'un thermomètre le distillateur aura bientôt trouvé, dans sa propre expérience, le degré le plus propre et le plus avantageux pour chaque distillerie et pour chaque circonstance.

§ 89. Les grands avantages de cette méthode, sont 1° qu'on n'a pas à craindre la fermentation acide soit que l'on ait mis en levain *trop chaud* ou *trop froid*. Dans le premier cas, la fermentation vineuse serait plutôt terminée; mais elle ne tournerait pas à l'aigre sous l'appareil, dans le second elle pourrait y rester quelques jours de plus sans danger. On peut au surplus en mettant une cannelle dans le plein de la cuve juger à volonté du moment où le moût peut être distillé.

2° Que les eaux-de-vie provenant de ce procédé ont une qualité bien supérieure aux autres, parce que le gaz acide carbonique retenu par l'appareil détruit l'acide málique très-abondant dans les céréales et les pommes de terre, et évite ainsi aux eaux-de-vie l'acreté et l'odeur empireumatique que cet acide produit dans l'ébullition.

3° Qu'il en resulte une augmentation de spirituosité et quantité de 6 à 8 pour % (1).

Influence de l'Appareil sur le produit des Marcs de raisin que l'on veut distiller.

§ 90. Une immense multitude de remarques faites sur sa

---

(1) Nous ne pouvons nous refuser à faire observer aux distillateurs combien la germination et la dessication des grains est préférable à toute autre méthode, si l'on veut en tirer une plus grande quantité d'esprits; quantité qui sera plus grande encore, si la fermentation vineuse est établie et gouvernée d'après les principes et les moyens indiqués dans la présente instruction.

10 hectolitres de grain en nature brassés à la manière ordinaire, mais fermentés de manière à en retirer un produit d'esprits avantageux ont rendu par la distillation 16 veltes ⅔ ou..................... 130 litres.

La même quantité germée et broyée fraîche et mise en fermentation, a donné 35 veltes ou..................... 262 litres.

Même quantité après être germée, *desséchée* et fermentée a donné 40 veltes ou..................... 300 litres.

spirituosité des marcs provenant des vins faits à l'appareil, prouve combien ces marcs doivent être recherchés et préférés par les distillateurs.

Nous citerons à l'appui de ce qui précède, les faits suivans pris entre beaucoup d'autres.

M. Laydecker, de Thionville, ayant acheté les marcs provenant de vins traités à l'appareil, en obtint par la distillation une eau-de-vie *marquant 22 degrés sans la moindre odeur d'empyreume, très-limpide et entièrement dégagée de cette âcreté qui accompagne presque ordinairement les eaux-de-vie de marcs*, et ces résidus lui ont donné près d'un tiers en sus du produit de pareille quantité traitée par les moyens ordinaires.

Les propriétaires de vignes, fabricans de cidre, brasseurs et distillateurs, aidés de leur expérience personnelle, pourront tenter l'application de l'Appareil, sans s'exposer à aucune perte ni à aucune avarie. Les indications qui précèdent sont toutes justifiées par une foule de faits détaillés dans d'autres écrits. Ce serait insulter à leurs connaissances pratiques que d'entrer dans de plus grands détails; notre but sera rempli, si nous avons eu le bonheur de leur faire sentir les avantages de la méthode nouvelle et de les engager à l'adopter.

F I N.

TABLE DES MATIÈRES.

Délutage des cuves.

Application de l'Appareil aux Vins blancs.

Application de l'Appareil à la bière.

www.ingramcontent.com/pod-product-compliance
Lightning Source LLC
Chambersburg PA
CBHW061450050726
47593CB00004B/1515